BEI GRIN MACHT SICH IHR
WISSEN BEZAHLT

AF173245

- Wir veröffentlichen Ihre Hausarbeit,
  Bachelor- und Masterarbeit

- Ihr eigenes eBook und Buch -
  weltweit in allen wichtigen Shops

- Verdienen Sie an jedem Verkauf

Jetzt bei www.GRIN.com hochladen
und kostenlos publizieren

Sven-David Müller

Diätberatung und Ernährungsberatung in der Praxis

GRIN Verlag

Bibliografische Information der Deutschen Nationalbibliothek:

Die Deutsche Bibliothek verzeichnet diese Publikation in der Deutschen National-
bibliografie; detaillierte bibliografische Daten sind im Internet über http://dnb.d-
nb.de/ abrufbar.

Impressum:

Copyright © 2008 GRIN Verlag GmbH
Druck und Bindung: Books on Demand GmbH, Norderstedt Germany
ISBN: 978-3-656-03637-1

GRIN - Your knowledge has value

Der GRIN Verlag publiziert seit 1998 wissenschaftliche Arbeiten von Studenten, Hochschullehrern und anderen Akademikern als eBook und gedrucktes Buch. Die Verlagswebsite www.grin.com ist die ideale Plattform zur Veröffentlichung von Hausarbeiten, Abschlussarbeiten, wissenschaftlichen Aufsätzen, Dissertationen und Fachbüchern.

Besuchen Sie uns im Internet:

http://www.grin.com/

http://www.facebook.com/grincom

http://www.twitter.com/grin_com

Praxis der Diätberatung und der Ernährungsberatung – Ablauf
des Beratungsgesprächs

Hausaufgabe von Sven-David Müller (Diätassistent/Diabetesberater DDG)

Donau Universität Krems

MSc.-Lehrgang „Applied Nutritional Medicine"

13. November 2008
Hausaufgabe

Ich beschreibe ein Beratungsgespräch und zeige die Möglichkeiten, Chancen und Risiken sowie die Lösungen von kommunikativen Problemstellungen auf. Ich gehe auf die Schwierigkeit ein, dass ich auf der Sachebene sprechen muss, da ich das Ziel verfolge, das Ernährungsverhalten zu erläutern, um eine Veränderung des Ernährungsverhaltens herbeizuführen, was schließlich eine Senkung des Körpergewichts zur Folge hat. Außerdem ist es wichtig, dass die Patientin diese Änderungen dauerhaft durchhält und versteht, dass eine Diät keine Kurzkur ist, sondern vielmehr eine lebenslange Aufgabe. Ich darf nicht überheblich als tadelnder Lehrer (Beziehungsmodell „Eltern – Kind") wirken, sondern vielmehr signalisieren, dass ich auf einer Ebene mit der Patientin (Beziehungsmodell „Erwachsenen-Ich) bin. Ich nehme die Sorgen und Nöte sowie die Probleme der Patientin ernst. Diese emotionale Ebene darf nicht unter der Sachlichkeit leiden. Ich berichte über meine Vorbereitung auf das Gespräch, das Gespräch selbst, berichte über meine Patientin – eine übergewichtige 52 jährige Frau mit durchschnittlichem Bildungsniveau, die als Bankkauffrau halbtags bei einer Berliner Sparkasse arbeitet. Meine Patientin ist verheiratet und bei der Techniker Krankenkasse versichert, die ihr 5 Gespräche mit mir erstattet. Ich beschreibe eine Gesprächs-/Beratungssituation und gehe auf meine Kommunikationsziele und –wege ein und zeige auf, warum ich was im Gespräche tue. Ich beschreibe meine Vorgehensweise und gehe kritisch mit mir und mit meiner Leistung um. Um die Hausaufgabe schriftlich niederzulegen, habe ich – nach vorheriger Befragung und Zustimmung – das Beratungsgespräch auf dem Tonband mitgeschnitten. Ich habe vor dem Termin mit meiner Patientin gesprochen. Ich habe Sie angerufen und ihr erklärt, dass ich für eine berufliche Weiterbildung einen Mitschnitt des Gesprächs benötige. Ich habe ihr versichert, dass ich die Beratungssituation anonymisiere. Ich frage sie, ob sie verstehen kann, was ich vor habe. Sie sagt mir, dass sie in verschiedenen Kursen der Bank-Akademie Videotraining (Bankberater – Kunde) gehabt hätte und sie die Situation daher kennt. Sie stellt mir einige Fragen, die ich beantworte. Ich schneide nur das Gespräch mit und verwende keine Videoaufzeichnung. Sie fragt mich abschließend, ob sie das Ergebnis meiner Aufgabe erfahren könne. Ich sage, dass dies natürlich selbstverständlich möglich sei. Ich frage, ob es noch weitere Fragen gibt und ob Sie mit den Aufgaben, die ich ihr im ersten Gespräch gegeben habe, zu Recht kommt. Sie sagt, dass Sie sich ein Ernährungstagebuch angeschafft hat und dies gründlich führt. Sie hätte sich überlegt, ob sie es nicht in Excel führen solle. Aber dann hätte sie die Datei mit zur Arbeit nehmen müssen, um es dort auszudrucken und das sei in der Berliner Sparkasse nicht erwünscht. Ich bitte sie für den ersten Termin das Protokoll in Schriftform zu führen.

Zur Geschichte

Neben meiner journalistischen Tätigkeit berate ich regelmäßig Patienten, die mir ärztlich zugewiesen werden. Ich habe dafür einen Beratungsraum in einem Berliner Ärzte- und Gesundheitshaus. Meine Beratungseinheit besteht aus einem Vorraum mit Wartezone und einem Beratungsbüro mit Schreibtisch sowie einer Sitzecke. In dieser Sitzecke führe ich das Gespräch mit meiner Patientin durch. Hier gibt es zwei bequeme Korbstühle und einen kleinen Tisch, der von beiden Stühlen aus ermöglicht, Notizen abzulegen und ein Getränk bereitzuhalten. Durch diese

Grundsituation ermögliche ich, dass ich mich mit meinem Gesprächspartner auf einer räumlichen Ebene befinde. Ich bin ja in diesem Falle sozusagen der Lehrer für eine gesündere Ernährungs- und Lebensweise, die der Patientin hilft, ihr Körpergewicht nachhaltig zu reduzieren und besser zu leben. Ich möchte nicht als Oberlehrer oder „Herrgott in weiß" erscheinen. Ich möchte mit der Patientin zusammen etwas erarbeiten, dass ihr hilft. Ich möchte sie dort abholen, wo sie steht und mir ihr zusammen den Weg zu einer gesünderen Ernährungs- und Lebensweise gehen. Meine Patientin und ich sind gleichwertig und ich gehe voller Empathie mit ihr um. Ich nehme ihre Sorgen, Nöte und Probleme ernst und verkneife mir – typisch ärztliche – allgemeine Sprüche wie „Sie müssen sich halt mehr bewegen! Und nicht so viel Buttercremetorte essen!". Ich behandele meine Patienten als Menschen, denn für mich gibt es nicht Menschen und Patienten, sondern nur Menschen. Mit diesen befinde ich mich auf einer Ebene. Die Stühle sind soweit voneinander entfernt, dass die Intimsphäre des Patienten nicht verletzt wird. Aber sie stehen auch so dicht zusammen, dass ein dichtes Gespräch, ein Dialog möglich ist. Auf den Stühlen ist ein weiches Kissen. Die Sitzecke befindet sich vor dem Fenster. Der gesamte Raum ist nicht vollgestellt, sondern relativ leer. Im Sichtfeld des Patientenstuhles befinden sich kein „erschreckendes Bücherregal" oder ein ablenkender Computer oder sonstige Geräte. Der Raum ist nicht typisch steril weiß gestrichen, sondern hat einen hellen Ockerton und ist in Wischtechnik auf Raufasertapete gestrichen. Der Boden besteht aus Kork und unter den Stühlen und dem Tisch der Beratungsecke befindet sich ein Teppich, der eine angenehme Farbe hat. In der Ecke steht eine große Pflanze. An der Wand befindet sich ein Emil Nolde Bild. Die Patientin sitzt mit dem Rücken zur Wand, damit sie den Raum überblicken kann und sich so sehr wohl, sicher und geborgen fühlt. Nachfolgend eine stilisierte Darstellung meines Beratungsbüros.

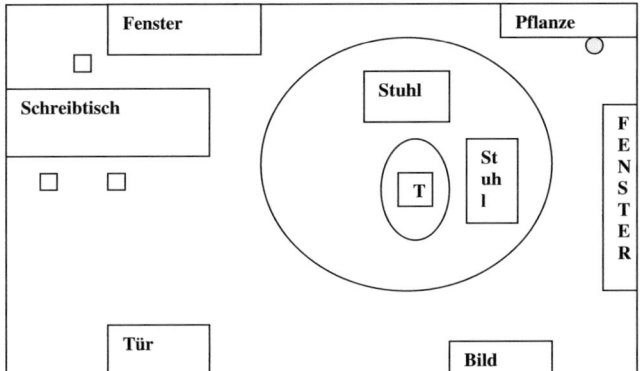

Ich führe die Beratung im November 2008 in meiner „Praxis" durch. Es handelt sich um den zweiten Termin. Während des ersten Termins habe ich die Patientin kennengelernt und einen Überblick über die nächsten 4 Termine gegeben. Ich habe mit ihr Ziele festgelegt, nachdem wir das Problem erarbeitet hatten. Der erste Termin hat einen zeitlichen Umfang von 60 bis 70 Minuten. Die Folgetermine dauern 45 Minuten. Die Patientin ist mir recht genau bekannt. Ich habe die ärztliche

Überweisung und die Krankendaten. Außerdem habe ich eine Patientenkartei angelegt, die mir die Möglichkeit gibt, mich auf die Beratung einzustellen.

Vorbereitung der Beratung

Ich lese mir die Patientenakte genau durch und stelle mir die Patientin vor, um mich auf sie einzustellen Ich trinke eine Tasse Tee. Ich habe 15 Minuten Zeit für die Vorbereitung. In der zweiten Einheit der Beratungen bespreche ich das Ernährungsprotokoll und die ersten Modifikationen des Ernährungs-, Lebens- und Bewegungsverhaltens. Außerdem kläre ich offene Fragen und stecke weitere Ziele mit der Patientin ab. Ich koche Tee und Kaffee für die Patientin und mich. Auf den Tisch stelle ich Tassen, Süßstoff/Zucker, Zitronensaft und Milch. Die Thermoskannen kommen ebenfalls dazu. Ich lege die Patientenkarte auf meinen Stuhl und bin ausreichend mit Karteikarten sowie Schreibmaterial ausgestattet. Einige Minuten vor dem Beratungsgespräch gehe ich den Stoff (Sachebene) durch, den ich heute mit der Patientin erarbeiten möchte. Mir ist klar, dass es für mich als Berater ein sachliches Thema ist, für die Patientin jedoch sehr viele Emotionen daranhängen. Das Ernährungsverhalten wird nicht in erster Linie durch eine rationale Ebene gestaltet, sondern ist vielmehr abhängig von Gewohnheiten (…). Ernährung stillt eines der Grundbedürfnisse des Menschen, das sich im Hunger- und Durstgefühl sowie auch dem Appetit des Menschen darstellt. Ernährung hat somit unmittelbaren Einfluss auf das Wohlbefinden, die Lebensfreude und die Gesundheit des Menschen. Das Ernährungsverhalten ist kein hauptsächlich rational geprägtes Verhalten, so dass eine reine Wissensvermittlung auf der Sachebene in der Ernährungsberatung wenig erfolgreich ist. Antriebe und Motive von Essen und Trinken (neben der reinen Bedürfnisbefriedigung):

- Gewohnheiten, die oft schon lange erlernt sind
- Einstellungen und Werthaltungen des Patienten
- Ökonomische Verhältnisse des Patienten
- Familiäre und religiöse Traditionen, mit denen der Patient lebt
- Berufliche Situation (Kantinenessen, Kraftfahrer, Schichtarbeiter)
- Bildungsniveau

Das Ziel der Beratung ist es, das Ernährungsverhalten kennenzulernen und über den Zeitraum einer Beratung hinaus Veränderungen einzuhalten, zu stabilisieren und dauerhaft in die Gewohnheiten übergehen zu lassen. Der Patient muss in die Lage versetzt werden, selbstständig das neu Erlernte in seinen Alltag zu übertragen. Dabei darf er nicht gezwungen werden, sondern muss selbst Mittel und Wege erkennen, die ihm gemäß sind. Das Verhalten muss zur Gewohnheit werden, damit nicht unbewusst auf bereits automatisierte Verhaltensweisen zurückgegriffen wird. Niemand ändert gerne etwas. Die alten Verhaltensweisen sind vertraut und erscheinen daher einfacher. Eine abstrakte Ernährungsberatung, die aus reiner Information besteht, ist zum Scheitern verurteilt. In der Beratung mache ich dem Patienten Vorschläge und der Patient wählt und probiert aus. Er legt fest, welche und wie viele Modifikationen er in einer vorgegeben Zeit umsetzen kann. Er berichtet mir über die Probleme und ich zeige ihm im partnerschaftlichen Dialog (Erwachsenen-Ich) auf, welche Lösungsansätze es gibt. Der Patient ist in seiner Auswahl selbstbestimmt und ich agiere als Berater und nicht als Diktator. Der Patient bedarf konkreter Erfahrung, dass neue Verhaltensweisen für seine Gesundheit und sein

Wohlbefinden förderlicher sind, als bisherige Gewohnheiten. Der Zugewinn an Kondition durch sportliche Aktivierung beispielsweise ist schon nach kürzester Zeit von den Patienten zu verspüren und gibt daher einen Motivationsschub. Zudem bieten Maßnahmen wie „Umfangsmessungen" die Möglichkeit, dem Patienten Erfolge rasch zu zeigen.

In den Beratungseinheiten visualisiere ich den Gewichtsverlust – anfangs – durch Zuckerwürfel und – später – durch Butterportionen. Die Patientin, die mich heute aufsuchen wird, hat bereits ein Problembewusstsein entwickelt, da sie bei einem ärztlichen Gespräch/Termin mitgeteilt bekommen hat, dass sie erhöhte Blutzuckerwerte hat. Sie hat den Arzt gefragt, woran das liegen könnte. Der Arzt hat ihr vermittelt, dass die Ernährungs- und Bewegungsweise damit in Zusammenhang steht. Die Patientin hat ihm gesagt, dass sie Probleme mit der Ernährungsweise hat und darüber gerne mehr wissen möchte. Sie hat konkret nach einer Beratungsmöglichkeit gefragt. Sie hat sich selbst um den Termin gekümmert und kam pünktlich zum ersten Gespräch. Während des Gesprächs hat sie immer wieder nach einem Diätplan gefragt. Ich händige solche Pläne, die ausschließlich die Sachebene darstellen, grundsätzlich nicht aus. Auch gebe ich keine Kalorientabelle mit. Ich habe der Patientin meine Vorgehensweise erläutert und ihr gesagt, dass ich und sie selbst ein genaues Protokoll führen muss. Sie muss also aufschreiben, was sie isst und trinkt. Dieses Protokoll ist die Grundlage unserer 4 auf das Erstgespräch folgenden Beratungseinheiten. Ich habe mit der Patientin einen Vertrag geschlossen, dass sie ein Ernährungsprotokoll führt und dieses zu jeder Beratungseinheit mitbringt. Nur so ist es möglich, die Gewohnheiten zu erkennen, Erwartungen abzuschätzen sowie ein Ziel zu formulieren. Dieses muss einerseits die medizinischen Notwendigkeiten (weitgehend) erfüllen und andererseits der Patientin nicht zuviel abverlangen.

Ich trinke einige Schlucke Tee, öffne das Fenster und schaue in den Park. Ich schließe die Augen und nehme die frische Luft und den Teegeschmack wahr. Ich blicke auf mein inneres Bild, das mich ruhig und gelassen werden lässt. Dieses habe ich für mich als Bild geankert (am Strand mit Blick auf das Meer). Ich atme tief durch und schließe das Fenster. Es klopft und ich gehe zur Tür.

Die Beratungssituation

Ich begrüße die Patientin und gebe ihr die Hand. Ich achte auf einen direkten – aber nicht unangenehmen – Augenkontakt. Die Patientin legt ihren Mantel ab. Ich bitte sie in der Stuhlgruppe platz zu nehmen. Da ich auf meinem Stuhl ihre Akte abgelegt habe, verdeutliche ich damit deutlich, welchen Stuhl sie nutzen soll. Die Patientin setzt sich hin. Ich nehme danach Platz und biete Kaffee und Tee an. Ich weise die Patientin noch mal darauf hin, dass ich dieses Gespräch aufzeichnen möchte. Die Patientin nickt zustimmend. Die Patientin wählt Tee, den sie mit Süßstoff süßt und etwas Zitronensaft dazugibt. Ich frage die Patientin, womit sie zuhause den Tee süßt. Ich stelle bewusst eine offene Frage, um der Patienten die Möglichkeit zu geben, sich warm zu reden. Sie berichtet mir, dass sie seit dem Arzttermin auf Süßstoff zurückgreift, da ihre Blutzuckerwerte erhöht sind. Ich nicke der Patientin verstärkend zu und sage ihr, dass der Süßstoff nicht nur den Blutzucker nicht ansteigen lässt, sondern gleichzeitig kalorienfrei ist. Damit ist das Gespräch in positiver Atmosphäre begonnen.

Gesprächssituation

Ich beginne das eigentliche Beratungsgespräch mit der Frage nach dem Ernährungsprotokoll. Ich spreche laut, deutlich, ohne Akzent und Dialekt sowie der Patientin zugewandt. Die Patientin gibt mir das Ernährungstagebuch. Sie hat es – als Bankkauffrau sehr ordentlich (fast penibel) – geführt. Ich belobige die exakte Führung und sehe mir die aufgeschriebenen Mahlzeiten an. Ich stelle fest, dass die Patientin ab dem Tag nach der ersten Beratung das Ernährungstagebuch geführt hat und auch Eintragungen für den heutigen Tag verzeichnet sind. Ich mache mir einen Plan, welche Veränderungen möglich sind, die ich der Patientin vorschlagen werde. Um zu prüfen, ob das Protokoll ein Over- oder Underreporting aufweist – oder überhaupt den Tatsachen entspricht, frage ich, was die Patientin heute Morgen gegessen hat. Mit dieser Frage bin ich nicht mehr auf der Erwachsenen-Ich-Ebene und gleiche dieses potentielle Risiko dadurch aus, dass ich frage, wie es ihr geschmeckt hat und ob sie auch satt geworden ist. Als auflockernde Frage schließe ich an, welche Marmelade sie besonders gern zum Frühstück isst. Ich versuche so, einerseits zu prüfen, ob das Ernährungstagebuch korrekt geführt ist und eine Grundlage einer Verhaltensmodifikation darstellen kann und erhebe gleichzeitig neue wichtige Informationen, die bei der Patientin aber Interesse und Zugewandtheit signalisieren. Wir befinden uns sozusagen wieder auf einer Ebene.

Ich bespreche mit der Patientin das Ernährungsprotokoll. Ich werte dabei nicht persönlich und emotional, sondern nehme sie ernst und spreche zuerst jeden protokollierten Tag durch. Dabei ergeben sich viele neue Informationen für mich und ich mache mir einen Überblick über die Problemstellungen. Ich stelle danach vor, was gut ist und was für sie in ihrer Situation der Verbesserung bedarf. Ich achte darauf, dass alle meine Aussagen keine impliziten Botschaften – weder in der Wortwahl noch in der nonverbalen-Kommunikation – enthalten. Trotzdem formuliere ich nicht kühl und abweisend oder desinteressiert. Ich blicke die Patientin an, verstärke, verkomme aber nicht zum „Nickmännchen". Ich achte darauf, dass meine Körpersprache mit meinen verbalen Aussagen übereinstimmt. Ich versuche dabei, ihr Appellohr zu erreichen, damit sie die besprochenen Punkte und Inhalte Zuhause aktiv umsetzen möchte. Ich möchte nicht das Beziehungsohr erreichen, auf dem sie vielleicht Beleidigungen oder Bevormundungen hören könnte. Ich behandele sie nicht wie ein Kind. Ich versuche, Appell- und Sachohr zu erreichen, um so das Maximum zu erreichen. Ich motiviere sie, Aussagen über sich zu machen (auf der Selbstoffenbarungsseite), die mir weiter helfen, auf dem richtigen Wege zu bleiben und auf sie einzugehen. Ich möchte nicht an ihr vorbeireden, sondern sie so oft wie möglich dort abholen, wo sie jetzt steht. Ich versuche die Redeanteile ausgeglichen zu halten. Ich habe zu Beginn des Gesprächs die Patientin auf den Zeitrahmen hingewiesen, damit sie einen Orientierungsrahmen hat. So ist sie nicht vom plötzlichen Schluss der Sitzung überrascht. Ich nehme meine Patientin ernst. Ich beantworte jede Frage kurz und frage zurück, ob es geklärt ist. Ich wähle dabei offene- und geschlossene Fragen, um mein Zeitbudget nicht zu überschreiten.

Bei der Besprechung des Ernährungsprotokolls fiel mir auf, dass mir die Patientin nach meiner Aussage – sachlich „Erdbeerkuchen" – sagte, dass sie an diesem Tage gesündigt habe. Das wiederum setzt in mir Assoziationen frei, die mich erschrecken und ich bin plötzlich nicht mehr Berater, sondern persönlich tangiert. Emotional gebe ich zurück, dass Essen keine Sünde ist. Diese Aussage enthält viel Selbstanteil. Ich beherrsche mich und versuche wieder auf die sachliche Ebene zurückzukommen. Um das zu erreichen, muss die Patientin zurück in den Mittelpunkt der Beratung kommen. Dafür frage ich, was sie darunter versteht, zu sündigen. Ob sie das tatsächlich so empfunden hätte. Die Patientin antwortet mir, dass Erdbeerkuchen nicht gut sei und es mir nicht gefallen würde. Ich sei sicher gegen Erdbeerkuchen. Ich vermittele einmal auf der sachlichen Seite, dass Erdbeerkuchen in Maßen keine Sünde für Mensch ist, die abnehmen möchte. Zum anderen versuche ich auf der emotionalen Seite zu vermitteln, dass es nicht darum geht, meine Gefühle zu befriedigen, sondern ihre Gesundheit und ihr Ernährungsverhalten im Mittelpunkt stehen. Ich versichere glaubhaft, dass der Erdbeerkuchen mich nicht enttäuscht hat und ich davon überzeugt bin, dass sie gerne einmal wöchentlich Kuchen essen kann. Ich frage, was Kuchen für sie bedeutet und wie oft sie Kuchen braucht. Sie erläutert mir, dass sie eigentlich keine Süße sei und dass Kuchen bei Festen und Ähnlichem aber halt dazugehöre. Ich appelliere an ihr Erwachsenen-Ich, selbst zu entscheiden, an diesen Festen Kuchen zu essen oder nicht. In diesem Umfang sei es aus meiner Sicht betrachtet nicht schädlich. Damit habe ich die Verantwortung zurückgegeben und klar gemacht, dass sie Verantwortung für ihre Gesundheit hat. Ich kann für die Patientin schließlich nicht abnehmen oder Kuchen zurückweisen.

Nach der Besprechung des Ernährungsprotokolls steige ich in eine Informationsvermittlung ein. Die Patientin fällt mir sofort ins Wort, dass sie ausschließlich Margarine isst. Sie möchte sich „größer machen" und mir klar machen, dass sie mir ebenbürtig ist. Ich befürworte den Margarine-Konsum und mache deutlich, dass Margarine auch dünn aufs Brot zu streichen ist, während Butter dafür oft zu hart ist (wenn sie direkt aus dem Kühlschrank kommt). Ich versuche mit dieser Sachebene die emotionale Spannung herauszunehmen. Ich frage noch, warum sie Margarine wählt. Die Patientin gibt mir dazu Auskunft. Ich fahre in der Informationsvermittlung partnerschaftlich voran, schließe meinen Part ab und involviere sie immer wieder ins Gespräch durch Fragen. Dadurch ist sie gezwungen, aufmerksam zu bleiben. Und es ist dadurch leichter für sie, zuzuhören.

Ich frage die Patientin, welche der vielen Möglichkeiten, die ich ihr aufgezeigt habe, um Fett einzusparen, sie für sich umsetzen möchte. Damit übernimmt sie Verantwortung. Sie hat die Verantwortung und die Wahl. Wir verabreden drei Modifikationen, die wir schriftlich im Ernährungstagebuch festhalten. Die Patientin schreibt sie auf. Sie macht einen Vertrag mit sich selbst. Es geht um sie.

Ich frage, ob noch etwas unklar geblieben ist oder Fragen entstanden sind. Die Patientin verneint. Ich frage nach, ob sie morgens oder abends auf die Margarine verzichten möchte. Ich möchte damit einerseits eine Antwort und andererseits die Möglichkeit, zu klären, ob die Patientin sich nur nicht traut, Fragen zu stellen. Ich möchte klären, ob sie wirklich alles verstanden hat. Das ist der Fall, denn sie konnte das Neugelernte gut in ihren zukünftigen Tagesablauf einplanen. Es gehen diesbezüglich noch zwei Fragen und Antworten hin und her. In der Verabschiedung fragt mich die Patientin plötzlich, ob sie das Ernährungsprotokoll weiterhin führen müsse. Ich frage, ob sie einen weiteren Termin wünsche. Ich mache klar, dass das Protokoll zu meiner Beratung dazugehört. Ich gebe klar an, dass ich ihr nur Hilfe geben kann, wenn gewisse Spielregeln eingehalten werden. Damit schließe ich eine Art Vertrag mit ihr. Sie willigt ein und sagt, dass sie das Protokoll gerne ab sofort in Excel erfassen und mir vor dem Termin zumailen würde. Ich stimme zu. Sie hat auf diese Weise ihren Anteil an der Spielregel ergänzt und ist zufrieden. Sie fragt mich nach dem nächsten Termin, den wir vereinbaren. Ich verabschiede mich und bringe die Patientin zur Tür. Ich wünsche ihr eine angenehme Zeit und viel Erfolg bei ihren Zielen und Wegen, diese zu erreichen.

Aufteilung des Beratungsgesprächs

Begrüßung
Platznehmen/Getränkewunsch
Beratungsbeginn (Protokoll)
Einstiegsfrage
Besprechung des Ernährungsprotokolls
Information über Fett in der Ernährung
Sünden – Spüren der Emotionalität
Fragen und Antworten (Sachebene)
Wünsche/Ziele
3 Punkte der zukünftigen Verhaltensmodifikation vereinbaren
Fragen
Zusammenfassung
Terminvereinbarung
Verabschiedung

Die Patientin erscheint pünktlich zum dritten Termin. Sie hat inzwischen 3 Kilogramm abgenommen und hat in der Apotheke normale Blutzuckerwerte gehabt. Sie freut sich darüber und ich steige in die nächste Beratung ein.

Autor: Sven-David Müller, M.Sc, Master of Science in Applied Nutritional Medicine (Angewandte Ernährungsmedizin), staatlich anerkannter Diätassistent und Diabetesberater der Deutschen Diabetes Gesellschaft (DDG), Haddamshäuser Weg 4a, 35096 Weimar an der Lahn, www.svendavidmueller.de, diaetmueller@web.de

Literatur: Beim Verfasser, Praxis der Diätetik und Ernährungsberatung, Haug Verlag, E. Lückerath und S.-D. Müller; Kalorien-Nährwert-Lexikon, Schlütersche Verlagsgesellschaft mbH, K. Raschke und S.-D. Müller